BEI GRIN MACHT SICH IHR WISSEN BEZAHLT

- Wir veröffentlichen Ihre Hausarbeit, Bachelor- und Masterarbeit

- Ihr eigenes eBook und Buch - weltweit in allen wichtigen Shops

- Verdienen Sie an jedem Verkauf

Jetzt bei www.GRIN.com hochladen und kostenlos publizieren

Bibliografische Information der Deutschen Nationalbibliothek:

Die Deutsche Bibliothek verzeichnet diese Publikation in der Deutschen National-
bibliografie; detaillierte bibliografische Daten sind im Internet über http://dnb.d-
nb.de/ abrufbar.

Impressum:

Copyright © 2006 GRIN Verlag, Open Publishing GmbH
Druck und Bindung: Books on Demand GmbH, Norderstedt Germany
ISBN: 978-3-638-85177-0

Dieses Buch bei GRIN:

http://www.grin.com/de/e-book/81343/die-alters-krankheit-demenz-aus-neurowis-
senschaftlicher-perspektive

Thomas Braun

Die (Alters-) Krankheit Demenz aus neurowissenschaftlicher Perspektive

Ein Überblick über das Erscheinungsbild und den Verlauf der Demenz, insbesondere der Demenz vom Alzheimer-Typ

GRIN Verlag

GRIN - Your knowledge has value

Der GRIN Verlag publiziert seit 1998 wissenschaftliche Arbeiten von Studenten, Hochschullehrern und anderen Akademikern als eBook und gedrucktes Buch. Die Verlagswebsite www.grin.com ist die ideale Plattform zur Veröffentlichung von Hausarbeiten, Abschlussarbeiten, wissenschaftlichen Aufsätzen, Dissertationen und Fachbüchern.

Besuchen Sie uns im Internet:

http://www.grin.com/

http://www.facebook.com/grincom

http://www.twitter.com/grin_com

Universität Erfurt

UNIVERSITÄT
ERFURT

Wintersemester 2005/2006

Seminar: **Neurowissenschaftliche Grundlagen der Kommunikation
(Studium Fundamentale)**

Die (Alters-) Krankheit Demenz
unter neurowissenschaftlicher
Perspektive
- *speziell Demenz vom Alzheimer Typ*

Braun, Thomas

Inhaltsverzeichnis

Anlagenverzeichnis

1 Einleitung

Jeder kennt das Vergessen. Jeder stellte sich selbst schon einmal Fragen wie: „Hab ich die Rechnung bezahlt? Was hatte ich vor? Wo sind meine Hausschuhe?". Doch was ist wenn das Vergessen zum Alltag wird? Wenn das Gehirn nicht mehr fähig ist sich Sachen zu merken und andere Aufgaben auszuführen? Diese Phänomene sind längst keine Ausnahme mehr. Mehr als 10% der über 75jährigen und 20-50% der über 85jährigen Menschen sind davon betroffen.[1] Die Rede ist von der Krankheit Demenz. Menschen die daran leiden werden von zunehmenden Störungen von Erkennen, Gedächtnis, Orientierung, Denken und weiteren Fähigkeiten gequält.[2]

Da das durchschnittliche Lebensalter aufgrund des medizinischen Fortschritts ständig steigt, stellen Demenzerkrankungen und vor allem die Alzheimersche Krankheit ein immer größer werdendes Problem dar. „Demenz ist eine Krankheit, die den Menschen bei seiner höchsten Gabe packt, dem Verstand."[3]

Die folgende Arbeit soll einen Überblick über das Erscheinungsbild und den Verlauf dieser Krankheit, speziell der Demenz vom Alzheimer Typ (DAT), geben. Nach einer kurzen Definition von Demenz sollen die verschieden Arten abgegrenzt werden. Daraufhin möchte ich näher auf die Alzheimerkrankheit eingehen, wobei mögliche Ursachen, Symptome und Phasen beschrieben werden. Ferner soll eine Beschreibung der neurobiologischen Grundlagen der DAT erfolgen und kurz auf therapeutische Überlegungen bezüglich der Alzheimerschen Krankheit eingegangen werden.

2 Begriffliche Einordnung von Demenz

Das Wort Demenz, auch Dementia, stammt aus dem Griechischem und bedeutet soviel wie „ohne Geist"[4]. Demenz wird definiert als „eine durch äußere Einflüsse hervorgerufene Form organischer Hirnschädigungen, die den teilweisen oder fast vollständigen Verlust einst besessener intellektueller Fähigkeiten beinhaltet".[5] Typisch für Demenzen sind Gedächtnis- und Verhaltensstörungen. Vor geraumer Zeit wurde sie (fälschlicherweise) auch als „Zerebralsklerose", „Verkalkung" oder „Senilität" bezeichnet.[6] Das Schwinden der kognitiven[7] Fähigkeiten

---

[1] Anlage 1: Altersabhänge Häufigkeit der Demenz. (S. 15 dieser Arbeit).
[2] Vgl. Krämer (1993, S. 15f).
[3] Furtmayr-Schuh (1992, S. 23).
[4] Abgeleitet aus dem Lateinischem (de: ohne; mens: Geist, Verstand).
[5] "Demenz." Microsoft® Lernen und Wissen 2006 [DVD]. Microsoft Corporation, 2005.
[6] Vgl. Krämer (1993, S. 56).

geschieht dabei chronisch fortschreitend und degenerativ. Somit erfolgt eine Abgrenzung zu angeborenen geistigen Behinderungen. Obwohl mit höherem Alter auch die Wahrscheinlichkeit einer Demenzerkrankung steigt, gehören die Beschwerden ebenso nicht zu der normalen Altersentwicklung. Aufgrund dessen sind die Patienten behandlungsbedürftig und eine rechtzeitige Behandlung kann die Schwere der Erkrankung abmildern. Doch ist Demenz nicht direkt als einzelne Krankheit zu verstehen, sondern als Überbegriff für viele Krankheiten bei denen mehrere Beschwerden kombiniert sind. Auf die wichtigsten Arten bzw. Unterteilungen soll im folgenden Abschnitt eingegangen werden.

3 Arten von Demenz

Streng genommen beschreibt der Begriff Demenz das Syndrom des Verlustes geistiger Fähigkeiten. Ein Syndrom wiederum ist durch diverse Krankheitszeichen charakterisiert, welche ein bestimmtes Krankheitsbild formen. Man unterscheidet primäre (hirnorganische) und sekundäre (nicht-hirnorganische) Demenzformen. Primäre Demenzformen machen 90 Prozent aller Demenzfälle bei über 65-jährigen aus. Zu ihnen zählen die Demenz vom Alzheimer Typ und vaskuläre Demenzen sowie Mischformen dieser beiden.[8]

Die am Häufigsten auftretende Form primärer Demenzen ist die Alzheimersche Krankheit, deren Bezeichnung auf den bayrischen Psychiater Alois Alzheimer zurückgeht.[9] Da im Verlauf dieser Arbeit noch spezieller auf die Alzheimersche Krankheit eingegangen werden soll, möchte ich zunächst andere Demenzformen beschreiben.

Die zweithäufigste Art ist die Multiinfarktdemenz (MID). Diese Erkrankungen sind, wie der Name schon sagt, hauptsächlich durch viele kleinere, immer wieder auftretende Hirndurchblutungsstörungen (Infarkte) geprägt und werden deshalb auch als zerebrovaskuläre bzw. gefäßbedingte Demenzen beschrieben. Die zerebralen Infarkte unterschiedlichen Ausmaßes nehmen im Krankheitsverlauf ständig zu, wodurch nach und nach das Hirngewebe zerstört wird. Da gesunde Teile des Gehirns die Aufgaben geschädigter Gehirnareale zum Teil übernehmen können, wird die Krankheit oft erst in späten Stadien bemerkt.[10] Zum Zeitpunkt der Diagnose kann schon mehr als ein Drittel des Gehirns geschädigt sein. Im Unterschied zur Alzheimerschen Krankheit, die schleichend verläuft, ist der Verlauf der Mutiinfarktdemenz zumindest am Anfang stufenförmig zu beschreiben. Durch jeden Schlaganfall wird ein neuer

---

[7] Das Erkennen, das Wahrnehmen betreffend.
[8] Vgl. www.alzheimerinfo.de (Stand: 26.11.2005).
[9] Vgl. Furtmayr-Schuh (1992, S. 31).
[10]Vgl. Reinbold (1993, S. 11).

Teil des Gehirns zerstört und somit die Hirnleistung um eine weitere Stufe verschlechtert. Im weitern Krankheitsverlauf ist sie allerdings nur schwer von der Demenz vom Alzheimer Typ zu unterscheiden. Im Falle dass keine weiteren Infarkte auftreten, stagniert die Krankheit auf einer bestimmten Stufe. Es ist sogar möglich, dass sich das Krankheitsbild verbessert.[11] Als Risikofaktoren gelten vor allem „Myokardinfarkte und andere kardial bedingte Krankheiten (z.b. Angina pectoris), bei denen die Arteriosklerose mitwirkt, Hypertonie und periphere vaskuläre Erkrankungen , Diabetis mellitus, transitorische ischämische Attacken, aber auch Übergewicht und Nikotingenuß".[12] Auf diese Risikofaktoren richtet sich die medizinische Behandlung der Multiinfarktdemenz. Des Weiteren wird mit durchblutungsfördernten Maßnahmen versucht die Durchblutungsstörungen zu behandeln. Diese Maßnahmen sollen die Fließeigenschaften des Blutes oder die Verwertung von Zucker und Sauerstoff im Gehirn verbessern.[13] Die Mischformen der primären Demenz sind eine Kombination aus neurodegenerativen, wie sie bei der Alzheimer Demenz auftreten, und vaskulären Veränderungen des Gehirns.

Sekundäre Demenzen beschreiben im Gegensatz zu Primären, Demenzen als Folge anderer Erkrankungen. Beispielsweise können nicht-hirnorganische Demenzen durch Hirngeschwulste, einer Herz-Kreislauf-Erkrankung oder einer Hirnverletzung hervorgerufen werden. Aber auch Gifte wie Alkohol oder andere Drogen, sowie Arzneistoffe können dazu führen. Die geistige Leistungsfähigkeit normalisiert sich in den meisten Fällen wieder, wenn die Grunderkrankung wirksam behandelt wird, Verletzungen geheilt sind oder Gifte das Gehirn nicht mehr belasten.[14]

Depressive Erkrankungen, bei denen Gedächtnis- und Konzentrationsprobleme auftreten, sind von dementiellen Erkrankungen abzugrenzen, obwohl eine Unterscheidung auch für Fachleute recht schwierig ist. Die als „Pseudodemenz" bezeichneten depressiven Erkrankungen sind durch ein ähnliches Verhaltensbild gekennzeichnet wie Demenzkrankheiten. So reagieren an Pseudodemenz erkrankte Menschen ebenso mit Interesselosigkeit, depressiven Gefühlszuständen und Rückzug. Wird die Erkrankung falsch diagnostiziert, können einige Medikamente, wie Beruhigungsmittel oder Neuroleptika, die zur Linderung von Demenzen verabreicht werden, depressive Symptome sogar verstärken. [15] Meist kann aber durch längere Beobachtung der Patienten eine eventuelle Psydodemenz erkannt werden, da sie in der Regel den Be-

---

[11] Vgl. Furtmayr-Schuh (1992, S. 30f).
[12] Denzler et. al. (1989, S. 44).
[13] Vgl. Reinbold (1993, S. 17).
[14] Vgl. www.alzheimerinfo.de (Stand: 26.11.2005).
[15] Vgl. Reinbold (1993, S. 18f).

ginn ihrer Gedächtnisprobleme genau angeben können und auch selbst merken, dass ihr Gedächtnis nachlässt.

Dies war nur ein Auszug der wichtigsten Demenzformen. Eine allgemeine Beschreibung zur Diagnose von Demenz liefert der internationale Standart des "Diagnostischen und statistischen Manuals psychischer Störungen" (DSM). Hiernach wird Demenz diagnostiziert, „wenn mehrere kognitive Defizite vorliegen, die sich zeigen in:

Gedächtnisbeeinträchtigung *plus* mindestens *eine der folgenden Störungen*

- Aphasie: Störung der Sprache
- Apraxie: beeinträchtigte Fähigkeit, motorische Aktivitäten auszuführen
- Agnosie: Unfähigkeit, Gegenstände zu identifizieren bzw. wiederzuerkennen
- Störung der Exekutivfunktionen, d.h. Planen, Organisieren, Einhalten einer Reihenfolge."[16]

Das größte gesundheits- und forschungspolitische Problem stellt jedoch die Demenz vom Alzheimer Typ dar, welche in den nächsten Abschnitten näher beschrieben wird.

4 Demenz vom Alzheimer Typ

Alois Alzheimer untersuchte um 1900, während seiner Tätigkeit an einer Frankfurter Klinik, eine 51jährige Frau, die eine rasch zunehmende Gedächtnisschwäche entwickelt hatte. Nach längerer Beobachtung erkannte er zudem agraphische, aphasische und apraktische Erscheinungen, bis die Frau schließlich viereinhalb Jahre später starb. Die Hirnautopsie, die Alois Alzheimer nach dem Tod der Patienten durchführte, zeigte neben einer allgemeinen diffusen Schrumpfung ihres Hirns und einem Verlust an Ganglienzellen[17] viele hirnpathologische Veränderungen. Unter dem Titel „über einen eigenartigen Erkrankungsprozeß der Hirnrinde" berichtete er auf der 37. Tagung der Südwestdeutschen Irrenärzte darüber. Schon wenige Jahre später wurde seine Beobachtung als Krankheit anerkannt und mit „Alzheimersche Krankheit" bezeichnet.[18] Seit dato gab es einige Debatten über den Zusammenhang von höherem Alter und der Demenz vom Alzheimer Typ (DAT). Aufgrund dessen wird sie heute bezüglich des Krankheitsbeginns in zwei Kategorien unterteilt: Die präsenile (PSDAT) und senile Demenz vom Alzheimer Typ (SDAT). Da der Verlauf und die organischen Veränderungen dieser Arten im weiteren Sinne gleich sind, wird im Folgenden nur auf die allgemeine Form der

---

[16] Leitlinie Demenz. Entwickelt durch das medizinische Wissensnetzwerk der Universität Witten/Herdecke. Http://www.evidence.de.
[17] Nervenknoten, in dem die Zellkörper mehrerer Nervenzellen eng aneinander liegen und die meist von Bindegewebe umgeben sind.
[18] Vgl. Kisker et. al. (1989, S. 158).

DAT eingegangen. Charakteristisch für Alzheimer ist, neben dem Hirnschwund[19], ein kontinuierlicher und progressiver Abbau intellektuell-kognitiver und sozialer Leistungen. So kommt es zu Vergesslichkeit, Sprach- und Wortfindungsstörungen bis zu einen vollständigen Verlust der Sprache und einem „Dahinleben" ohne reflektierendes Bewusstsein, wobei bemerkt werden muss, dass keinesfalls ein Verlust des Bewusstseins mit Alzheimer einhergeht.[20]

4.1 Mögliche Ursachen

Die Ursachen der Alzheimerschen Krankheit sind bis heute noch ungeklärt. Auch die Diagnose kann erst nach dem Tode durch eine Hirnuntersuchung anhand einer Ausschlussdiagnose (alle möglichen anderen Ursachen der Symptome werden ausgeschlossen) erfolgen. In der Forschung werden einige ätiologische (ursächliche) Faktoren diskutiert.[21] Hauptsächlich werden dabei genetische, toxische und infektiöse Risikofaktoren, sowie weitere Einflüsse wie beispielsweise Hirntraumen, Geschlecht oder Alter beschrieben.[22] Ob Erblichkeit eine Rolle spielt wurde schon in vielen Studien untersucht. Weil nur bei ungefähr einem Drittel der näheren Verwandten der Patienten eine überzufällige Häufung der Krankheit auftrat und diese zudem meist in einer ähnlichen Umwelt lebten, kann eine eindeutige Zuordnung von Erblichkeit als Ursache nicht erfolgen.[23] Allerdings ist die Annahme auch nicht abzuwenden. Bei Beobachtungen von Menschen, die an Trisomie21 leiden, weisen etwa 97 Prozent Zeichen einer Alzheimerschen Krankheit auf, wenn sie älter als 40 Jahre werden. Virusähnliche Strukturen oder Krankheits-Erreger können daher ebenfalls Ursache sein. Solche Erreger sind in der Lage Chromosomen zu verändern und außerdem weiß man, dass die zum Teil ähnliche Creutzfeld-Jakob-Krankheit durch die Übertragung eines Erregers hervorgerufen wird. Es gibt auch Überlegungen, dass Körpereigene oder Umwelt-Gifte (Toxine) für die DAT eine Rolle spielen. Im Gehirn einiger Erkrankten konnten erhöhte Aluminiumwerte nachgewiesen werden. Durch das Aluminium kommt es möglicherweise zu einer erhöhten Durchlässigkeit der als Blut-Hirn-Schranke bezeichneten Schutzhaut, die das Gehirn vor schädlichen Stoffen im Organismus schützt. Da aber bei den meisten Patienten keine erhöhten Aluminiumwerte festgestellt wurden, ist dieser Ansatz höchstwahrscheinlich nicht richtig. Mögliche Gifte können auch Lösungsmittel oder Medikamente, wie das Schmerzmittel Phenacetin sein. Bei der Alz-

---

[19] Anlage 2: Gehirn mit Alzheimer-Krankheit (S. 15 dieser Arbeit).
[20] Vgl. Denzler et. al. (1989, S. 33).
[21] Anlage 3: Mögliche Ursachen der Alzheimerschen Demenz. (S. 16 dieser Arbeit).
[22] Vgl. Gutzmann (1992, S. 51).
[23] Vgl. Reinbold (1993, S. 20f).

heimerkrankheit liegt eine Störung der cholinergen Übertragung vor. Demzufolge könnten Störungen der chemischen Transmitter (Überträgerstoffe) als Ursache gelten. Weiterhin werden Durchblutungs- oder Stoffwechselstörungen, eine nachlassende Funktion des Nervensystems, Auto-Immunprozesse[24], sowie soziale Schicht und Bildung, Alter der Eltern, Rauchen, falsche Ernährung oder Psychische Störungen von diversen Forschern als (mit-)verursachende Faktoren angesehen.[25] Am wahrscheinlichsten ist, dass mehrere der aufgezählten und vielleicht noch andere Ursachen zusammen eine DAT hervorrufen können.

4.2 Symptome und Phasen

Die Dauer der Alzheimerschen Krankheit beträgt im Durchschnitt sechs bis acht Jahre. Je höher das Eintrittsalter, desto geringer ist die Lebenserwartung. So beträgt die Lebenserwartung bei einem Eintrittsalter von unter 65 Jahren durchschnittlich 9 Jahre und bei einem Eintrittsalter von über 80 Jahren etwa 5 Jahre. Allerdings ist der Schwankungsbereich von zwei bis zwanzig Jahren sehr groß.[26] In dieser Zeit schreitet die Krankheit, nach einem langsamen Beginn, schleichend fort und führt schließlich durch „hinzutretende Komplikationen wie Lungenentzündung, Unterernährung, Austrocknung oder Infektionen infolge einer Schwächung des Immunsystems"[27] zum Tod. Es gab viele Vorschläge zur funktionellen Stadieneinteilung der DAT. Das von Sjögren 1952 vorgeschlagene Dreistufenmodell ist wohl das geläufigste in der Wissenschaft.[28] Hiernach beschreib die Stufe I den Beginn der Krankheit. In dieser Phase bemerken die Angehörigen meist abnormale Veränderungen der Erkrankten, indem diese an Interesselosigkeit leiden, vergesslicher werden, langsam die zeitliche und örtliche Orientierung verlieren, die Rechenfähigkeit und Wortfindung nachlässt sowie das Urteilsvermögen abnimmt. Das Kurzzeitgedächtnis ist ebenfalls gestört. In Stufe II überwiegt motorische Unruhe und Irritabilität. Es lassen sich eindeutige aphasische Sprachstörungen erkennen und die bei Stufe I beschriebenen Symptome verschlechtern sich weiter. Einfache Alltagsprobleme werden für die Betroffenen zu unüberwindbaren Problemen. Zudem ist das gesamte Gedächtnis gestört. Die dritte und letzte Stufe ist durch Eß- und Schluckstörungen sowie massivste intellektuelle Ausfälle gekennzeichnet. Die motorische Unruhe nimmt ab und es kommt zu Immobilität und Antriebslosigkeit. Neurologisch lassen sich vielfältige Primitivreflexe, zunehmende Rigidität (Unnachgiebigkeit) und Gangstörungen beobachten. Die Kranken

---

[24] Dabei bildet das Immunsystem des Körpers Antikörper gegen körpereigene Gewebebestandteile.
[25] Vgl. Krämer (1993, S. 28ff).
[26] Vgl. ders.: S. 88.
[27] Reinbold (1993, S. 25).
[28] Vgl. Gutzmann (1992, S. 23).

nehmen ihre Umwelt nicht mehr bewusst wahr, verlieren die Kontrolle über Stuhlgang und Wasserlassen, wissen nicht mehr ob Tag oder Nacht ist und stehen ohne Hilfe nicht mehr aus dem Bett auf.[29] Da diese Einteilung doch recht grob ist, versuchten einige Forscher den Krankheitsverlauf weiter zu differenzieren. Reisberg et. al. schlug 1985 das „Global Deterioriation Scale (GDS) vor, wobei er die Alzheimersche Krankheit in sieben Stufen einteilte.[30] Eine genaue, auf alle Patienten zutreffende Disposition existiert bis heute noch nicht und ist aufgrund individueller Unterschiede auch nicht erreichbar. Jedoch lassen sich relativ ähnliche Veränderungen im Körper und speziell im Gehirn der Patienten erkennen.

5 Neurobiologische Grundlagen der Demenz von Alzheimer Typ

Die medizinische Forschung bemüht sich seit langem die genauen biologischen Ursachen der Krankheit herauszufinden. Würden diese Ursachen bekannt sein, könnte man wirkungsvolle Behandlungsmethoden entwickeln und möglicherweise sogar eine Heilung der Demenz vom Alzheimer Typ erreichen.[31] In diesem Abschnitt möchte ich einige physikalische und chemische Hirnveränderungen, die schon gefunden werden konnten, beschreiben. Das Gehirn besteht von Außen betrachtet aus Kleinhirn, Schläfen-(Temporal-), Frontal-(Stirn-) und Scheitel-(Parietal-) Lappen. Im Inneren des Hirns liegt das limbische System. Das limbische System besteht wiederum aus einer Vielzahl von Strukturen. Unter anderem finden sich hier die Fornix, Hippocampus, Gyrus cinguli, Amygdala, dem parahippokampalen Gyrus sowie Teile des Thalamus.[32] Das von der Alzheimerkrankheit zuerst befallene Teil des Gehirns, ist der Hippocampus, welcher für die Bildung des Langzeit- und Kurzzeitgedächtnisses eine wichtige Rolle spielt, da diese hier lokalisiert sind. Er stellt sozusagen einen Schaltpunkt dar, der gezielt Informationen an andere Hirnteile weiterleitet. Die Zerstörung des Hippocampus weitet sich im weiteren Krankheitsverlauf auf die Hirnlappen aus. So weisen tieferliegende Anteile des Scheitel-, Schläfen- und Frontallappens Zellveränderungen und später eine zunehmende Schrumpfung (Atrophie) auf.[33] Der Scheitellappen ist zuständig für die Steuerung von Sinnesfunktionen wie Temperatur, Körpergefühl, Berührung, Geschmack und die Wahrnehmung von räumlichen Beziehungen. Die räumliche Desorientierung, unkoordinierten Bewegungen und Störungen der Mustererkennung von Alzheimerkranken ist also auf die Schädi-

---

[29] Vgl. Krämer (1993, S. 87).
[30] Anlage 4: Stadieneinteilung der Alzheimer Krankheit nach Reisberg (S. 17 dieser Arbeit).
[31] Vgl. Gruetzner (1992, S. 209).
[32] Anlage 5: Anatomie des Gehirns. (S.17 dieser Arbeit).
[33] Vgl. Krämer (1993, S. 40).

gung dieses Hirnareals zurückzuführen. In dieser Region des Gehirns findet ebenfalls das Rechnen und Lesen statt. Der Schläfenlappen erfüllt unter anderen die Funktionen des Hörens, des Sprachverständnisses, der Sprachbildung, des Gedächtnisses und des Gehens. Gemeinsam mit dem limbischen System beeinflusst der Temporallappen, Emotionen wie Angst, Freude oder Ärger. Die Antriebslosigkeit, Persönlichkeitsveränderungen und Verhaltensänderungen von Alzheimerpatienten beruhen auf einer Störung des Frontallappens. Dieses Gehirnareal unterstützt die Kontrolle des Gemüts, Feinmotorik, Zukunftsplanung, sowie Ziel- und Prioritätensetzung. Im limbischen System, welches Verhalten und Gefühle beeinflusst, wird weiterhin die Amygdala (Mandelkerne) durch die DAT stark geschädigt. Die Amygdala ist hauptsächlich an dem Erleben von Gefühlen beteiligt.[34] Andere Hirnabschnitte des Gehirns, die für die Grundfunktionen wie Hören, Sehen, Schmerz- und Berührungswahrnehmung verantwortlich sind, bleiben nach einem Ausbruch der Krankheit relativ lange Zeit erhalten. Die wohl wichtigsten Teile des Hirns, die ebenfalls betroffen sind, stellen die Neuronen (Nervenzellen) dar. Im Hirn finden sich Milliarden solcher Neuronen. Sie „können als die Kommunikationsvermittler zwischen den verschiedenen Hirnanteilen und dem Rest des Körpers gesehen werden."[35]

5.1 Physikalische Auffälligkeiten

Die bei der DAT auftretenden physikalischen Auffälligkeiten beschreiben die abnormalen, feingeweblichen Strukturveränderungen im Gehirn, welche die oben beschriebenen Teile betreffen. Eine der Auffälligkeiten sind Neurofibrillare Bundel. Hierbei handelt es sich um Verklumpungen normaler Eiweißstäbe[36], die paarweise untereinander verdrillt sind. Sie finden sich in den Nervenzellen und ihren Fortsätzen und ihr Aussehen ist tennisschläger- oder flammenförmig. Die Bildung von Neurofibrillären Bündeln ist im Alter normal. Allerdings sind sie bei Alzheimerkranken hauptsächlich im Hippocampus und zerebralem Kortex konzentriert und ihre Anzahl ist deutlich größer.[37] Der Zusammenhang zwischen dem Schweregrad der Demenz und der Anzahl Neurofibrillären Bündeln macht es wahrscheinlich, dass diese Bündel direkt mit den Hirnfunktionsstörungen zu tun haben. Einen weiteren Indikator für die Schwere der Krankheit sind neuritische Plaques. Plaques kommen ebenfalls in geringerer Anzahl bei nicht erkrankten Menschen vor und finden sich außerhalb der Nervenzellen. Es handelt sich hierbei um fleckenförmige Eiweißablagerungen des stärkeähnlichen Proteins

---

[34] Vgl. Gruetzner (1992, S. 212ff).
[35] Ders.: S. 210.
[36] Kleine haarförmige Strukturen. Auch als Filamente bezeichnet.
[37] Vgl. Krämer (1993, S. 45).

Amyloid. Man unterscheidet drei Arten von Plaques: Primitive, bei denen relativ wenig, Klassische und Amyloide, bei denen viel Amyloid enthalten ist. Sie sind dadurch gekennzeichnet, dass sich um den Amyloidkern absterbende Zellbruchstücke der Nervenzellen befinden. Bei Alzheimerkranken treten sie hauptsächlich in den Hirnregionen auf, die von der Krankheit am stärksten betroffen sind. Ob die geschädigten Hirnregionen die Plaques hervorrufen oder die Plaques die Hirnschädigungen, ist noch nicht geklärt. Es wird vermutet, dass das Amyloid das Immunsystem stört. Die Regionen, die Plaques aufweisen, könnten in dem Fall vom Immunsystem bekämpft werden.[38] Die dritte Auffälligkeit sind Granulovakuläre Degenerationen (GVD). Sie betreffen die Neuronen im Hippocampus und befinden sich in deren Zytoplasma. Im Plasma bilden sich kleine, flüssigkeitsgefüllte Vakuolen (Hohlräume), die mit dichtem, körnigem Material gefüllt sind. Dadurch weitet sich das Zytoplasma der Neuronen aus und es kommt zu Fehlfunktionen oder Zerstörungen der Hirnzellen. Die GVD sind bezüglich ihrer Verteilung und ihres Vorkommens im Hippocampus eng mit den Neurofibrillären Bündel verbunden. Man nimmt an, dass sie immer gemeinsam auftreten.[39] Hirano-Körperchen sind eine weitere Veränderung des Gehirns bei der Alzheimerschen Krankheit. Sie betreffen ebenfalls vor allem den Hippocampus und lassen sich bei jedem Menschen finden. Ihre Herkunft und Bedeutung für Gedächtnisbeeinträchtigungen ist jedoch noch nicht bekannt. Manche Forscher glauben, dass Hirano-Körperchen Ribosomen[40] einschließen können. Angesichts dessen würde die RNA behindert und so wäre es nicht mehr möglich Erinnerungsspuren zu formen.[41] Neben diesen Veränderungen kommt es bei der DAT zu einer Ablagerung von Amyloid in kleinen Blutgefäßen der Großhirnrinde und der weichen Hirnhäute. Man nennt diese Ablagerungen kongophile Angiopathie[42]. Die Bedeutung ist noch nicht bekannt aber ein Zusammenhang zwischen Alzheimer und den Ablagerungen fasst nicht auszuschließen. Untersuchungen ergaben, dass sie bei etwa 90 Prozent aller Erkrankten zu beobachten sind, während nur etwa 10 Prozent der gesunden Menschen solche Hirnveränderungen aufweisen.[43]

Die fünf genannten Auffälligkeiten stehen auf jedem Fall mit der Alzheimerkrankheit in Verbindung. Die Forschung hat nun die Aufgabe herauszufinden, ob diese Veränderungen Ursache oder Folge der Krankheit sind.

---

[38] Vgl. Gruetzner (1992, S. 220ff).
[39] Vgl. ders.: S. 227f.
[40] Baustücke der Erbanlage, die grundlegende Bausteine der Erbinformationen und des Gedächtnisses (RNA-Moleküle) in Proteine übersetzen.
[41] Vgl. Gruetzner (1992, S. 228f).
[42] Störung der Blutgefäße.
[43] Vgl. Krämer (1993, S. 47).

5.2 Neurochemische Veränderungen

Die Forschung nach Neurochemischen Veränderungen in Zusammenhang mit der DAT ist noch recht jung. Erste Untersuchungen wurden in den siebziger Jahren vorgenommen.[44] Sie kamen zu der Erkenntnis, dass bei Alzheimerkranken wichtige chemische Stoffe, die das Gehirn zur Speicherung, Verarbeitung und Übertragung von Informationen benötigt, erniedrigte Konzentrationen aufweisen. Die chemischen Überträgerstoffe werden Neurotransmitter genannt. Neuronen gehen mit anderen Neuronen Verbindungen ein, um Botschaften zu transportieren. Dabei schüttet eine Nervenzelle am Ende ihres Axons[45] eine bestimmte Botschaft in Form eines chemischen Stoffes aus, der sich an der hochspezialisierten Berührungsstelle zu einer anderen Nervenzelle, der Synapse, mit einem anderem chemischen Stoff verbindet. Fehlt einer dieser chemischen Überträgerstoffe können Neuronen nicht miteinander kommunizieren. Neuronen ohne Neurotransmitter sind somit unbrauchbar. Werden viele Neuronen zerstört, führt dies zu einer starken Einschränkung der menschlichen Fähigkeiten zu handeln, zu denken und sich zu erinnern. Die Kommunikation zwischen den Hirnanteilen und dem Hirn mit dem Rest des Körpers funktioniert nicht mehr. Neuronen die den gleichen Neurotransmitter benutzen heißen Neurotransmitterysteme. Die Alzheimersche Krankheit schädigt vor allem das cholinerge Neurotransmittersystem, welches wahrscheinlich für das Denken und Gedächtnis zuständig ist. Die Nervenzellen des cholinergen Systems bedienen sich des Neurotransmitters Acetylcholin und den zwei Enzymen, Cholinacetyltransferase und Acetylcholinestrase, um untereinander Botschaften auszutauschen. Bei der DAT kommt es zu einem Verlust dieser Stoffe und dadurch schließlich zu einem Zusammenbruch des kompletten Systems. Dies führt wiederum zu einer verminderten Stimulation des temporalem Kortex und des Hippocampus.[46] Viele der kognitiven und emotionalen Gedächtnis-und Verhaltensänderungen könnten darauf zurückgeführt werden. Von chemischen Veränderungen bzw. einer Abnahme der nötigen Neurotransmitter sind in geringerem Ausmaß auch das serotonerge, das noradrenerge und das somantische System betroffen. Die genauen Funktionen dieser Systeme sind noch nicht genau bekannt. Man nimmt an, dass das serotonerge System die Sinneswahrnehmung und Schlafregulation, und das noradrenerge System den Wachheitsgrad und die Aufmerksamkeitsfähigkeit beeinflusst.[47]

Da ein Mangel an verschiedenen chemischen Stoffen durch Medikamente ausgeglichen werden kann, ist eine weitere Forschung auf diesem Gebiet unerlässlich. Mögliche medikamentö-

---

[44] Vgl. Kisker et. al. (1989, S. 163).

[45] Teil der Nervenzelle, die mit Empfangsteilen anderer Nervenzellen (Dendrit oder Zellkörker) Verbindungen eingeht.

[46] Vgl. Denzler et. al. (1989, S. 83ff).

[47] Vgl. Grutzner (1992, S. 241ff).

se Behandlungen zur Linderung der Schwere der Erkrankung und weitere therapeutische Ü-
berlegungen werden im nächsten Abschnitt kurz dargestellt.

6 Therapeutische Überlegungen bezüglich der DAT

Es gibt eine Reihe von Medikamenten, die zur Behandlung der Alzheimer Krankheit einge-
setzt werden. Allerdings findet dadurch keine Heilung oder entscheidende Besserung statt.
Man kann höchstens von einem zeitweisen Stagnieren oder einer Verlangsamung der Erkrankung sprechen. Man benutzt, mit dem Ziel die abnormalen Veränderungen im Gehirn[48] zu
verhindern, durchblutungssteigernde oder gefäßerweiternde Mittel (Vasodilatanien), die cholinerge Erregungsübertragung steigernde Mittel, Mittel zur Beeinflussung anderer Neurotransmitter, den Gehirnstoffwechsel anregende Mittel (Nootropika) und so genannte Kalzi-
umantagonisten. Ob die Medikamente bei allen Patienten anschlagen bzw. ihr Ziel erreichen,
ist aber fraglich.[49] Zudem ist eine medikamentöse Behandlung bei älteren Menschen in vielen
Fällen schwierig, da sie sehr viel anfälliger für Nebenwirkungen sind als Jüngere und nur ge-
ringere Dosen vertragen. Eine Behandlung von Begleiterscheinungen der Alzheimerschen
Krankheit ist ebenfalls möglich. So können Depressionen, Inkontienz[50], Epileptische Anfälle,
Schlafstörungen und Unruhe- oder Erregungszustände durch entsprechende Mittel behandelt
werden.[51] Nichtmedikamentöse Behandlungen stellen beispielsweise die Milieutheraphie (Beeinflussung von Stressoren der Umwelt) und Verhaltenstherapie (Bearbeiten isolierter Prob-
lembereiche im Verhalten des Patienten) dar.[52] Hierbei kommen gedächtnisstützende Verfah-
ren zum Einsatz. Im so genannten Realitäts-Orientierungs-Training soll den Erkrankten ge-
holfen werden, sich in ihrer Umwelt besser zurecht zu finden. Man verwendet z.B. große An-
zeigetafeln, Uhren, Kalender und wiederholt Informationen öfter. Die noch vorhandenen geistigen Fähigkeiten sollen dadurch bestmöglich ausgenutzt werden. Weiterhin helfen Tätigkei-
ten wie Gruppengymnastik, Singen, Tanzen oder Handarbeiten die Krankheit zu mildern, da
die Patienten dadurch aufgemuntert werden. Generell ist auf ausreichend Bewegung (solang
es noch möglich ist) zu achten um Folgeprobleme wie Lungenentzündungen zu verhindern
und den normalen Nachtschlaf zu fördern. Auch die Angehörigenberatung spielt eine wichtige
Rolle.

---

[48] Vgl. hierzu Abschnitt 5 dieser Arbeit.
[49] Vgl. Krämer (1993, S. 125).
[50] Verlust der Blasenentleerungskontrolle.
[51] Vgl. Krämer (1993, S. 130f).
[52] Vgl. Denzler et al. (1989, S. 137).

7 Schlussbemerkungen

Die Arbeit hat gezeigt, dass die Demenz vom Alzheimer Typ sowie andere Demenzformen ein sehr kompliziertes Krankheitsbild aufweisen. Viele der wichtigsten Hirnareale sind von ihr betroffen und die Ursachen bis heute noch ungeklärt. Die Forschung arbeitet ständig daran, neue und wirkungsvollere Behandlungsmöglichkeiten zu entwickeln. Viele Zeitungen berichten immer wieder über einen vermeintlich bevorstehenden Durchbruch in der Behandlung. Jedoch ist es schwierig wirkungsvolle Medikamente zu entwickeln, solange das genaue Krankheitsbild noch nicht erkannt ist.[53]

Der Verlust der intellektuellen Fähigkeiten macht jeden Demenzkranken zu einem Pflegefall. Die Betreuung der Erkrankten stellt auch eine enorme Belastung für die Helfenden dar. Sie müssen sich Tag für Tag um den Patienten kümmern.[54] Doch sind Bezugspersonen für Demenzkranke enorm wichtig, um ihnen ein vertrautes Umfeld zu vermitteln. Man kann nicht davon sprechen, dass Erkranke ihre Umwelt nicht wahrnehmen und keine Gefühle empfinden und zeigen können. Aus eigener Erfahrung weiß ich, dass sie in entsprechenden Situationen sowohl weinen als auch lachen können. Was genau sich in den Erkrankten abspielt, bleibt allerdings offen.

---

[53] Vgl. Krämer (1993, S. 140).
[54] Vgl. Furtmayr-Schuh (1992, S. 115).

Anlage 1: Altersabhänge Häufigkeit der Demenz

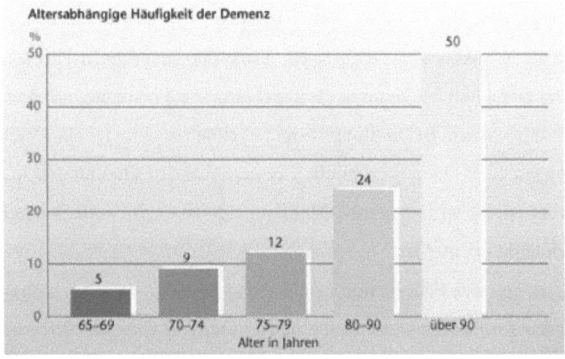

[Quelle:

www.zukunftsforum-demenz.de/demenz/demenz1_content.html

(Stand: 10.12.2005)]

Anlage 2: Gehirn mit Alzheimer-Krankheit

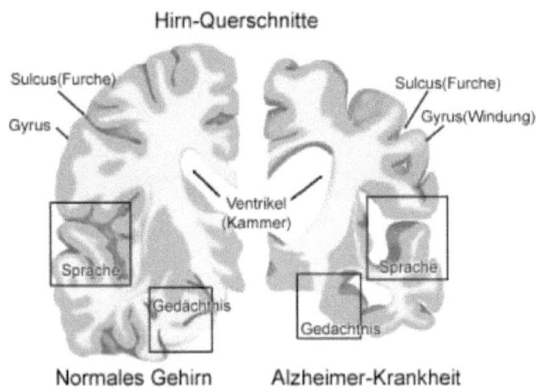

[Quelle:

www.alzheimer-forschung.de/web/alzheimerkrankheit/illus_gehirnmit.htm

(Stand: 14.12.2005)]

Anlage 3: Mögliche Ursachen der Alzheimerschen Demenz

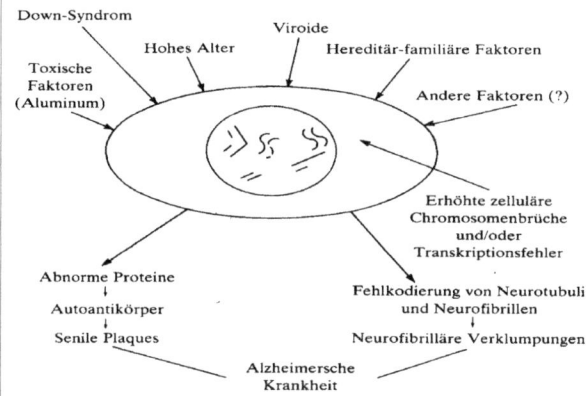

[Quelle: Denzler et. al. (1989, S. 36, Abbildung 3)]

Anlage 4: Stadieneinteilung der Alzheimer Krankheit nach Reisberg

Stadium	Beschreibung
sehr geringe Störung (werden nur von den Betroffenen selbst bemerkt)	Die Betroffenen vergessen, wo sie Dinge hingelegt haben oder wie ihnen bekannte Menschen heißen: Wortfindungsstörungen; keine nennenswerte Beeinträchtigung des beruflichen und sozialen Lebens. Bei der Untersuchung sind keine sicheren Gedächtnisstörungen nachweisbar.
Geringe Störung (werden oft vertuscht oder überspielt)	Stärkeres Nachlassen der Merkfähigkeit, zum Beispiel beim Lesen oder Wiederfinden wertvoller Gegenstände, Versagen bei beruflichen Anforderungen, das Mitarbeitern auffällt; verstärkte Probleme bei unbekannten Situationen. Bei der Untersuchung lassen sich die Gedächtnis- und Konzentrationsstörungen zumindest testpsychologisch deutlich nachweisen.
mäßige Störung	Die Betroffenen sind über aktuelles Geschehen schlecht informiert, sie haben Probleme beim Planen und Lösen schwierigerer Aufgaben (zum Beispiel Umgang mit Geld, Einkaufen, Verreisen). Es zeigt sich eine nachlassende Aktivität und ein Vermeiden von Konkurrenzsituationen. Die Störungen lassen sich in einem Gespräch leicht feststellen.
mittelschwere Störung	Unfähigkeit, sich an wichtige Dinge des täglichen Lebens (eigene Telefonnummer, Adressen, Namen von Verwandten) zu erinnern; Probleme bei der Auswahl passender Kleidungsstücke, unter Umständen Vernachlässigung der Körperpflege; die Betroffenen sind auf Hilfe Dritter angewiesen (Beginn der Demenz).
schwere Störung	Die Betroffenen haben gelegentliche Probleme, sich an den Namen ihrer Partner zu erinnern; keine bewußte Wahrnehmung der Umwelt mehr, vollständige Abhängigkeit von der Hilfe Dritter (auch beim An- und Auskleiden und der Körperpflege); unter Umständen Kontrollverlust für Blasenentleerung und Stuhlgang.
sehr schwere Störung	Extreme Verminderung des Wortschatzes mit weitgehendem Verlust der Sprachfähigkeit; Verlust der Gehfähigkeit, Probleme beim Sitzen; Verlust der Fähigkeit, zu lächeln; häufig Kontrollverlust für Blasenentleerung und Stuhlgang.

[Quelle: Krämer (1993, S. 89, Tabelle 5)]

Anlage 5: Anatomie des Gehirns

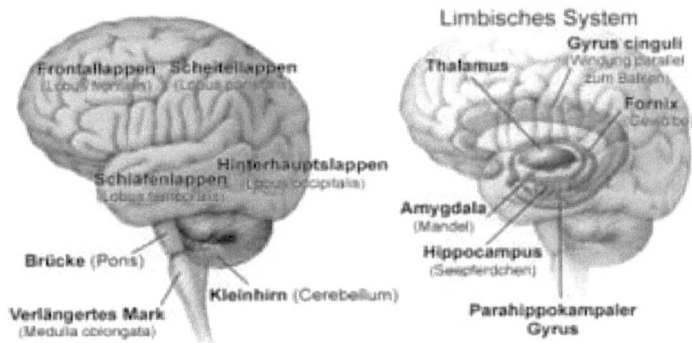

[Quelle:

www.alzheimer-forschung.de/web/alzheimerkrankheit/illus_anatomie.htm

(Stand: 14.12.2005)]

8 Literaturverzeichnis

DENZLER, P.; MARKOWITSCH, H.; FRÖLICH, L.; KESSLER, J. & IHL, R. (1989):
Demenz im Alter: Pathologie, Diagnostik, Therapieansätze. Weinheim, Basel: Beltz
Verlag.

FORSSMANN, W. G. & HEYM, C. (1982): Neuroanatomie. Berlin, Heidelberg, New
York: Springer-Verlag.

FURTMAYR- SCHUH, A. (1992): Das große Vergessen - die Alzheimer Krankheit.
Zürich: Kreuz Verlag.

GERTZ, D. (1997): Basiswissen Neuroanatomie. Stuttgart, New York: Georg Thieme
Verlag.

GRUETZNER, H. (1992): Alzheimerische Krankheit: Ein Ratgeber für Angehörige
und Helfer. Weinheim: Psychologie Verlags Union.

GUTZMANN, H. -Hrsg.- (1992): Der dementielle Patient. Bern, Göttingen, Toronto:
Verlag Hans Huber.

**KISKER, K. P.; LAUTER, H.; MEYER, J.-E.; MÜLLER, C. & STRÖMGREN, E. -
Hrsg.- (1989):** Alterspsychiatrie: Psychiatrie der Gegenwart 8. Berlin, Heidelberg,
New York, London, Paris: Springer-Verlag.

KRÄMER, G. (1993): Alzheimer Krankheit. Stuttgart: Georg Thieme Verlag.

REINBOLD, K.-J. -Hrsg.- (1993): Alzheimer-Kranke verstehen: Ratgeber für Fachleute, Angehörige und Laienhelfer. Freiburg im Breisgau: AGJ-Verlag.

19

Zusätzliche Quellen:

- Microsoft® Lernen und Wissen 2006 [DVD]. Microsoft Corporation, 2005.

- Http://www.alzheimer-forschung.de (Stand: 14.12.2005)]

- Http://www.alzheimerinfo.de (Stand: 26.11.2005).

- Http://www.evidence.de (Stand: 04.12.2005).

- Http://www.zukunftsforum-demenz.de (Stand: 10.12.2005)]